Monday Ubogu
Ejiro Akponah
Grace Loho

Zonas Raiz Hidrocarboneto Utilizando Mycoflora de Cana de Açúcar

Monday Ubogu
Ejiro Akponah
Grace Loho

Zonas Raiz Hidrocarboneto Utilizando Mycoflora de Cana de Açúcar

ScienciaScripts

Publisher:
Sciencia Scripts
is a trademark of
Dodo Books Indian Ocean Ltd. and OmniScriptum S.R.L publishing group

120 High Road, East Finchley, London, N2 9ED, United Kingdom
Str. Armeneasca 28/1, office 1, Chisinau MD-2012, Republic of Moldova, Europe
Printed at: see last page
ISBN: 978-620-5-79713-6

ÍNDICE

CAPÍTULO 1   5

CAPÍTULO 2   7

CAPÍTULO 3   18

CAPÍTULO 4   22

CAPÍTULO 5   32

ABREVIATURAS

Cm	Centimeter
G	Gramm
HUB	Hydrocarbon Utilizing Bacteria
HUF	Hydrocarbon Utilizing Fungi
KCl	Potassium Chloride
KH_2PO_4	Potassium Phosphate
L	Liter
ml	Milliliter
$MgSO_4$	Magnesium Sulfate
NaCl	Sodium Chloride
Na_2HPO_4	Sodium Phosphate
$NaNO_3$	Sodium Nitrate
^0C	Degree Celsus
OMA	Oil Mineral Salt Agar
PDA	Potato Dextrose Agar
TF	Total Fungi
TOC	Total Organic Carbon
TPH	Total Petroleum Hydrocarbon
μm	micro-meter
US EPA	United State Enviromental Protection Agency
VPT	Vapour Phase Transfere
v/v	volume per volume

1. INTRODUÇÃO

As zonas radiculares (rizosfera e rizoplano) das plantas são a área de actividades microbianas intensivas em comparação com as regiões de solo não cobertas por vegetação. Assim, há uma degradação acelerada de poluentes nestas regiões (Escalante-Espinosa *et al.*, 2005; Xin *et al.*, 2008; Gurska *et al.*, 2009). Os microorganismos do solo são estimulados por exsudados das raízes das plantas, o que aumenta o crescimento e a actividade dos microorganismos do solo. Os compostos de exsudados de plantas também fornecem sinais quimiotácticos aos microrganismos (Kudjo, 2007). Este entendimento levou à adopção de uma técnica de biorremediação mais recente e mais eficiente, económica e amiga do ambiente, conhecida como rhizoremediation na eliminação de poluentes do solo contaminado. A técnica de rizoremediação que se tornou a prática actual no tratamento de solos poluídos com petróleo bruto (Gerhardta *et al.*, 2009), implica a remoção do(s) poluente(s) do solo contaminado através da aliança sinérgica de raízes de plantas e bactérias e fungos associados (Gerhardta *et al.*, 2009; Shukla *et al.*, 2010).

Os fungos são membros importantes do ecossistema do solo; a sua presença visível nas zonas radiculares e os seus papéis na promoção e protecção do crescimento das plantas estão bem documentados. Os fungos desempenham um papel considerável na decomposição dos hidrocarbonetos petrolíferos. Embora as bactérias tendam a responder mais rapidamente à contaminação do petróleo no solo, enquanto que os fungos podem ser inibidos inicialmente (Pinholt *et al*, 1979), a sua actividade tende a persistir muito depois de a actividade bacteriana ter afunilado (Jensen, 2005). Foi identificado um número esmagador de fungos no solo com capacidade para utilizar e degradar hidrocarbonetos petrolíferos (Ollivier e Magot, 2005).

Embora o papel combinado das raízes das plantas e microrganismos associados na degradação do hidrocarboneto de petróleo tenha sido reconhecido, nem todas as plantas podem ser mobilizadas para fins de rizoremediação. Para que uma planta se qualifique para este fim, deve exibir alguns traços desejados, tais como crescimento rápido, grande produção de biomassa, sistema radicular alongado e ramificado (para o movimento de microrganismos através do solo), dureza, competitividade e capacidade de tolerar níveis significativos de poluente(s) (Pilon-Smits, 2005). *S. officinarum,* uma erva versátil encontrada em muitas zonas geográficas do mundo possui algumas destas características e tem sido relatado tolerar alguns níveis de petróleo bruto no solo (Ubogu, 2017).

1.1 Objectivo do estudo

> Avaliar as populações fúngicas nas zonas radiculares de *S. officinarum* e a sua capacidade de utilizar hidrocarbonetos petrolíferos para o crescimento para uma possível implantação futura da planta para a rizoremediação.

1.2 Objectivos do estudo

> Isolar e quantificar a TF e HUF na rizosfera de *S. officinarum* e solo não rizosférico.

> Para determinar os efeitos da rizosfera de *S. officinarum* sobre a TF e HUF no solo.

> Identificar as populações HUF na rizosfera e no plano de rizosfera de *S. officinarum,* e no solo não rizosférico.

> Determinar o efeito do petróleo bruto no crescimento da extensão radial do micélio HUF isolado das zonas radiculares de *S. officinarum.*

> Determinar o efeito do petróleo bruto no tempo mínimo de esporulação do HUF isolado das zonas radiculares de *S. officinarum.*

2. REVISÃO BIBLIOGRÁFICA

2.1 A Rizosfera e os seus Efeitos nas Actividades Microbianas

O solo é o habitat de uma comunidade microbiológica extremamente complexa na qual ocorre todo o fenómeno operativo na luta pela existência. A luta pela existência entre os elementos microbianos componentes do solo é intensificada nas proximidades da raiz da planta, a rizosfera (Parkinson e Waid, 1960), que é definida como uma camada estreita de solo aderente à estrutura da raiz após a sacudidela ter tirado o solo solto (Parkinson Waid, 1960; Atlas e Bartha, 1987). A rizosfera estende-se aproximadamente a 1 mm da raiz (Pivetz, 2001). A superfície real da raiz da planta é definida como o rizoplano (Atlas e Bartha, 1987).

O tamanho da rizosfera depende da estrutura específica da raiz da planta por biomassa vegetal total. A estrutura fibrosa das raízes das gramíneas proporciona uma grande superfície do que o sistema radicular caracterizado por uma raiz da torneira (Atlas e Bartha, 1987; Marschner *et al.,* 2000). A dinâmica da população de microorganismos em ambientes do solo está relacionada com a quantidade de resíduos vegetais (Patkwoska, 2002). Assim, a rizosfera é a zona de maior actividade microbiana do que a região de solo desprovida de raízes vegetais (Parkinson e Waid, 1960; Stainer *et al.,* 1979; Bartha, 1987; Atlas, 1985; Madigan *et al.,* 2000; Pieta e Patkowska, 2003). Isto porque as raízes excretam quantidades significativas de açúcares, aminoácidos, hormonas, e vitaminas e compostos formados a partir da decomposição das células das raízes de descasque (Madigan *et al.,* 2000; Patkowska, 2002) que promove um crescimento tão extenso de bactérias e fungos que estes organismos formam frequentemente microcolónias na superfície das raízes (Madigan *et al.,* 2000). Os lisados ou exsudados das raízes podem ter compostos lipófilos que irão aumentar a solubilidade contaminante em H_2O ou facilitar o crescimento de microrganismos que produzem biosurfactantes (Read *et al.,* 2003; Pilon-Smits, 2005). As enzimas que são produzidas por microrganismos e plantas podem ter impacto na solubilidade e permitir a biodisponibilidade de poluentes orgânicos através de alterações de grupos laterais (Chaudhry *et al.,* 2005).

A diferenciação da composição química dos exsudados radiculares está relacionada com o género, espécies, cultivares, idade da planta e muitos factores abióticos e bióticos (Patkowska, 2002). Na fase inicial, os exsudados de hidratos de carbono e os materiais mucilaginosos apoiam o crescimento de uma grande população de microrganismos. Na maturidade, a autólise de alguns dos materiais radiculares ocorre como parte do desenvolvimento normal das raízes, com a libertação de açúcar simples e aminoácidos (Atlas e Bathar, 1987).

Os microrganismos que habitam a rizosfera promovem o bem-estar das plantas aumentando o crescimento das raízes, facilitando a absorção mineral H_2O, e impedindo o crescimento de microrganismos patogénicos ou não patogénicos no solo (Pilon-Smits, 2005; Kuiper, 2004). A degradação microbiana de compostos orgânicos não é normalmente compelida pelas necessidades energéticas, mas pela necessidade de diminuir a toxicidade como resultado da qual os microrganismos teriam de sofrer escassez energética (Chaudhry *et al.*, 2005). Assim, o processo pode ser encorajado ou compelido por energia suficiente que é oferecida pelos exsudados radiculares. Tal estimulação dos microrganismos do solo pelo exsudado também beneficia as plantas através de uma disponibilidade intensificada de nutrientes ligados ao solo, que se decompõem em poluentes fitotóxicos do solo (Chaudhry *et al.*, 2005). Os microrganismos da rizosfera também podem assegurar a rápida remediação de poluentes através da volatilização de orgânicos como o PAH ou acelerando a humificação de contaminantes orgânicos (Salt *et al.*, 1998) especificamente, a libertação de enzimas oxidoreductase (por exemplo peroxidase) por microrganismos, incluindo raízes de plantas e catalisar a polimerização de poluentes na fracção húmica do solo e superfícies radiculares (Jussila, 2006).

A rizosfera é constituída por três partes diferentes mas em interacção: solo da rizosfera, a área do solo afectada pelas raízes através da libertação do substrato que afecta a actividade dos microrganismos; rizosfera, superfície directa da raiz, incluindo as partículas rígidas aderentes do solo; e tecido radicular que alguns microrganismos edofíticos são cabo de colonização (Barea *et al.*, 2005).

2.2 Fitorremediação

A fitorremediação envolve a aplicação de plantas para remediar parcial ou consideravelmente as águas superficiais e subterrâneas designadas, sedimentos, lamas e poluentes do solo. Emprega um conjunto de propriedades físicas e processos biológicos das plantas para auxiliar os processos de remediação dos locais poluídos (Pivetz, 2001).

Os poluentes ambientais para os quais a técnica de fitorremediação pode ser utilizada estão agrupados em duas categorias: poluentes orgânicos e elementares (Meagher, 2000). Os poluentes elementares incluem radionuclídeos e metais pesados que são tóxicos. Em contraste com os contaminantes orgânicos, existem métodos de remediação muito limitados para estes grupos de contaminantes e a aplicação de plantas para remover metais pesados do solo é uma tecnologia relativamente nova (Clemens *et al.*, 2000, Khan *et al.*, 2000; Cobbett e Goldsbrough, 2002). Poluentes orgânicos tais como hidrocarbonetos halogenados lineares, PAH, nitroaromáticos, PCB (Kuiper *et al.*, 2004), e outros hidrocarbonetos no petróleo que incluem gasolina, benzeno, tolueno, etilbezeno e xileno (BTEX) (Pilon-Smits, 2005).

2.3 Propriedades vegetais favoráveis para a fitorremediação

Geralmente, crescimento rápido, aumento da produção de biomassa, robustez, competitividade e capacidade de resistir à poluição são as características ideais exigidas às plantas escolhidas para a fitorremediação (Pilon-Smits, 2005). Além disso, o elevado grau de absorção, translocação e acumulação de poluentes em porções colhíveis de plantas são qualidades desejáveis para a fitoextracção de inorgânicos ou poluentes elementares. Do mesmo modo, níveis elevados de enzimas de degradação e um sistema radicular grande, espesso e profundo são as propriedades desejadas para a fotodegradação e rizoremediação, respectivamente. A fitoestimulação é favorecida pela raiz extensa que facilita o crescimento de microrganismos. Além disso, a produção de exsudados vegetais distintos também facilita a rizodegradação através de interacções micróbio-plantas (Pilon-Smits, 2005).

Pivetz (2001), enumerou alguns benefícios e deficiências da fitorremediação para incluir: *Benefícios*

> A fitorremediação é altamente económica em comparação com outras técnicas tradicionais de remediação.

> A fotorremediação como uma tecnologia verde é menos intrusiva, amiga do ambiente e, portanto, geralmente aceite pelo público.

> As águas superficiais e o solo podem ser facilmente remediados através da sua aplicação *in situ*.

> Ao contrário de outras técnicas tradicionais de remediação, como a lavagem do solo e a extracção de ácidos (Greger e Landberg, 1998), a fitorremediação não apresenta efeitos nocivos na estrutura e fertilidade do solo.

> A libertação de poeira elusiva do solo contaminado e a erosão pela água é evitada pela vegetação.

> A fotorremediação como uma tecnologia verde é menos intrusiva, amiga do ambiente e, portanto, geralmente aceite pelo público.

> As águas superficiais e o solo podem ser facilmente remediados através da sua aplicação *in situ*.

> Ao contrário de outras técnicas tradicionais de remediação, como a lavagem do solo e a extracção de ácidos (Greger e Landberg, 1998), a fitorremediação não apresenta efeitos nocivos na estrutura do solo e na fertilidade.

> A libertação de poeira elusiva do solo contaminado e a erosão pela água é evitada pela vegetação.

Falhas

> Um grande revés da técnica é a restrição da profundidade resultante das raízes pouco profundas da maioria das plantas.

> Uma vez que a formação de uma vasta estrutura radicular e uma biomassa de rebentos considerável requer algum tempo, a fitorremediação é comparativamente lenta.

> A eliminação de materiais vegetais contaminados colhidos é um grande desafio; por exemplo, radionuclídeos e acumulação de metais pesados em técnicas de rizofiltração e fitoextracção.

> Os danos vegetais resultantes de doenças e ataques de pragas ou exposição a condições meteorológicas adversas podem impor um stress grave às plantas que pode impedir a eficácia da fitorremediação.

2.4 Rizoremediação como Técnica de Fitorremediação

Existem várias técnicas de fitorremediação para a remoção de poluentes do ambiente contaminado. Estas incluem, fitoextracção, fitoestabilização, fitovolatilização, rizofiltração, fitodegradação e rizoremediação (Pivetz, 2001).

A rizoremediação envolve a degradação de poluentes orgânicos no solo através de interacções mútuas de raízes de plantas e microrganismos associados. Os microrganismos do solo são estimulados pelo exsudado das raízes das plantas, o que aumenta o crescimento e a actividade dos microrganismos do solo. Os compostos de exsudados de plantas também fornecem aos microrganismos sinais quimiotácticos (Kudjo, 2007).

A colaboração microbiana e vegetal na zona radicular (rizoremediação) proporciona uma velocidade elevada de decomposição dos poluentes hidrocarbonados do que apenas a fitodegradação ou a remediação microbiana (Escalante-Espinosa *et al.*, 2005; Gurska *et al.*, 2009; Xin *et al.*, 2008).

Há vários estudos e relatórios bem sucedidos sobre a rizoremediação de hidrocarbonetos petrolíferos e outros compostos poluentes no ambiente. Estes incluem BTEX, PAH, hidrocarboneto de petróleo linear e ramificado, hidrocarbonetos policlorados, fenol clorado, solvente clorado, e pesticidas (Shukla *et al.*, 2010; Kuiper *et al.*, 2004; Pivetz,2001; Tang *et al,* 2010).

A decomposição *in situ* de poluentes, a possível mineralização de poluentes orgânicos, a improvável translocação de poluentes para a planta ou atmosfera, em comparação com outras formas de fitorremediação, são alguns dos componentes atraentes da rhiroremediação. Além disso, uma vez que a decomposição poluente ocorre no solo, em vez de se acumular em partes vegetais, não surge a necessidade de colher vegetação. Uma proporção significativa de solo contaminado é contactada pelo extenso crescimento e penetração das raízes (Pivetz, 2001).

No entanto, a rizoremediação também tem alguns contratempos. O sucesso não é universal mas depende da localização específica (Pivetz, 2001). Uma grande falha da rizoremediação é a sua restrição à profundidade da área da raiz. Numerosas plantas possuem comparativamente raiz curta (Pivetz, 2001). No entanto, em algumas situações, as raízes podem esticar-se até 110 cm de profundidade e contactar poluentes em concentrações elevadas (Olson e Fletche, 2000). Pode ser necessário um tempo enorme para produzir uma área radicular intensiva (Pivetz, 2001). A decomposição dos poluentes pode também ser afectada pela rivalidade de nutrientes do solo entre microrganismos e plantas. Além disso, a vegetação pode oferecer uma fonte alternativa de carbono em vez de poluente que pode reduzir a quantidade de poluente degradado (Molina *et al.*, 1995).

2.5 Impactos da poluição por hidrocarbonetos petrolíferos no solo e nas águas subterrâneas

O petróleo sempre entrou na biosfera por infiltrações naturais, mas as taxas são muito mais lentas do que as da recuperação forçada de petróleo por perfuração, que está agora estimada em mais de 2 mil milhões de toneladas métricas por ano. A produção, transporte, refinação, fugas acidentais de tanques de armazenamento, rupturas de oleodutos e a eliminação de petróleo e produtos petrolíferos usados, são formas através das quais o petróleo entra e polui o ambiente (Atlas, 1985; Reis, 1996).

A poluição resultante de derrames de petróleo bruto produz vários graus de danos à fauna e flora terrestres, destruindo e transformando terras cultiváveis em solos não vegetais. Para além de biomagnificações indesejáveis de componentes tóxicos e poluição das águas subterrâneas, a qualidade estética do ambiente é também prejudicada (Obire e Anyanwu, 2009).

Os efeitos adversos do petróleo bruto na comunidade vegetal são enormes. O padrão de acção do petróleo bruto sobre as plantas é complicado, o que inclui a toxicidade por contacto directo e a toxicidade indirecta provocada por interacções do petróleo bruto com microrganismos juntamente com componentes não vivos do solo (Atlas, 1983).

Uma maior toxicidade de contacto é demonstrada pelos constituintes de baixo ponto de ebulição do petróleo bruto nas partes frágeis das raízes e rebentos das plantas com efeitos menores nos arbustos e partes de árvores lenhosas. A toxicidade por contacto directo ocorre principalmente por efeitos solventes de fracções de petróleo bruto com baixa ebulição nas estruturas lipídicas das membranas celulares (Mc Gill *et al;* 1981). Os componentes de hidrocarbonetos com baixo ponto de ebulição do petróleo bruto são, contudo, facilmente retirados de solos húmidos e devidamente drenados por lixiviação e evaporação (Hunt *et al.,* 1973), como resultado destes efeitos é transitório. Os resultados imediatos da poluição do petróleo bruto compreendem os efeitos reguladores do crescimento dos ácidos nafténicos (Fattah and Wort, 1970).

A negação do oxigénio às raízes das plantas como resultado da exaustão do oxigénio pelas actividades dos micróbios que degradam os hidrocarbonetos no solo é uma das consequências indirectas da poluição por hidrocarboneto de petróleo. Em tal situação, o estado anaeróbico é estabelecido no solo levando à produção microbiana de compostos químicos como o sulfureto de hidrogénio, que são fitotóxicos. Os micróbios degradantes de hidrocarbonetos também estão envolvidos em intensa competição por nutrientes minerais com as plantas. O petróleo bruto também tem impacto na estrutura física do solo, diminuindo a sua capacidade de reter ar e humidade (De Jong, 1980). A taxa de germinação das plantas no solo é abrandada pela presença de contaminação por petróleo bruto; e é atribuível aos efeitos obstrutivos físicos de parar ou diminuir a livre entrada de H_2O e O_2 (Ogbo *et al.,* 2005).

A toxicidade relativa de contacto descrita para as plantas aplica-se também aos invertebrados do solo. No entanto, devido ao seu maior teor de lípidos e taxas metabólicas mais elevadas, os animais do solo são mais sensíveis do que as raízes das plantas. Os hidrocarbonetos com maior ebulição e menos fitotoxicos são susceptíveis de ligar os estomas a microartrópodes e interferir com a sua respiração. A mancha da cama e do húmus com óleo e a interrupção temporária da produção primária pelas plantas são susceptíveis de condenar mesmo os animais do solo que de alguma forma escaparam ao efeito da exposição directa. Um efeito deletério indirecto adicional nos animais é a exaustão do oxigénio no ar do solo devido à degradação microbiana (Atlas, 1983).

As infiltrações, o rebentamento de poços, a ruptura de oleodutos, derrames acidentais, *etc.*, e a consequente lixiviação de petróleo bruto no solo provocam a contaminação das águas subterrâneas. Isto tem sérias implicações sanitárias devido à presença de metais pesados, e outros componentes cancerígenos do petróleo bruto, tais como o hidrocarboneto poliaromático, alguns dos quais são conhecidos por serem organopoluentes neurotóxicos e cancerígenos (Hallier-Sonier *et al.*, 1999). A emissão de hidrocarbonetos petrolíferos em quantidades limitadas no aquífero pode resultar em concentrações dissolvidas muito acima dos limites regulamentares (Spence *et al.*, 2005). As águas subterrâneas são um reservatório extremamente importante de água potável. Nas poucas décadas anteriores, foi reportado um elevado nível de contaminação da água por poluentes onipresentes potencialmente perigosos e prejudiciais para a saúde humana, tais como xileno, etilbenzeno, benzeno e tolueno, que são componentes do petróleo bruto (Lokhande e Patill, 2009). Estudos epidemiológicos demonstraram que a exposição ao benzeno causa anemia aplástica e leucemia. A toxicidade hemopoiética induzida pelo benzeno é devida ao metabolismo do benzeno (Synder e Kolsis, 1975). Concentração de petróleo bruto tão pequena quanto 1 -5 ppm no impacto do impacto nas águas subterrâneas mau gosto e odor na água (Atlas, 1983).

2.6 Fungos como importantes hidrocarbonetos que utilizam componentes de microrganismos do solo

A microbiota heterógena da maioria dos solos não contaminados inclui populações inatas de microorganismos degradantes de hidrocarbonetos (Perry e Scheld, 1968: Odu, 1978; Pinholt *et al.*, 1979). Esta característica inerente tem impacto nas enormes possibilidades de assimilação de hidrocarbonetos à maioria dos solos. O petróleo bruto também impulsiona preferencialmente esse segmento da comunidade microbiana capaz de se adaptar e utilizar o novo substrato (Atlas 1983; Coulon *et al.*, 2006; Hamamura, 2006).

Os componentes tóxicos do petróleo bruto podem inibir selectivamente os membros da comunidade microbiana, produzindo mudanças no tamanho da população e na diversidade de espécies no interior do solo (Atlas, 1983). A redução da diversidade de espécies com a amplificação da concentração de hidrocarbonetos que a acompanha é um indicador do stress ambiental induzido pelo petróleo bruto (Obire *et al*, 2008). A adição de petróleo bruto ao solo aumenta a actividade e a contagem microbiana total, bem como as mudanças na composição (Sparrow *et al.*, 1978; Pinholt *et al.*, 1979) para hidrocarbonoclástico populações (Odu *et al.;* 1972). Obire *et al* ., 2008 reportaram a proliferação de hidrocarbonetos utilizando população de fungos em solo contaminado com petróleo bruto, e colaboraram com uma descoberta semelhante num estudo relacionado sobre a utilização de população de bactérias utilizando hidrocarbonetos em solo contaminado com petróleo (Obire e Nwanbeta, 2002).

As algas, bactérias e fungos têm a capacidade de degradar o petróleo bruto no solo. Contudo, as bactérias e os fungos são o principal agente de degradação do petróleo no solo (Atlas, 1983). As bactérias tendem a responder mais rapidamente à contaminação do petróleo no solo, enquanto que os fungos podem ser inibidos inicialmente (Pinholt *et al.*, 1979). Inversamente, a actividade dos fungos tende a persistir muito depois de a actividade bacteriana ter afunilado (Jensen, 1975).

Mais de 100 géneros fúngicos, domínio *Eucarya*, também foram relatados como degradando hidrocarbonetos petrolíferos (Ollivier e Magot, 2005). Alguns dos géneros fúngicos em geral incluem *Aspergillus, Candida, Beauveria, Aabsidia, Acremonium, Botrytis, Agrocybe, Aureobasidium, Allescheriella, Basidiobolus, BJerkandera, Cephalosporium, Choanephora, Chrysosporium, Circinella, Cladophialophora, Cladosporium, Claviceps, Cochilobus, Cokeromyces, Conidiobolus, Coniothyrium, Crinipellis, Cyclothyrium, Cylindrocarpon, Emericella, Emericellopsis, Epicoccum, Eupenicillium, Exophiala, Fuasarium, Cunninghamella,Geotrichum, Gibertella, Coriolopsis, Gliocadium, Gonytrichum, Graphium, Gymnophillus, Hansenula, Helicostylum, Helminthosporium, Hormoconis, Humicola, Hyphochytrium, Hypholoma, Irpex, Knelmeromyces, Laetiporus, Leptodontium, Linderina, Marasmiellus, Monilia, Mortierella, Mucor, Nematoloma, Neurospora,*

Oidiodendron, Paecilomyces, Panaeolus, Penicillium, Pestalotia, Phanerochaeta, Phialophora,

Phylctochytrium, Phoma, Phycomyces, Phytopthora, Pichia, Pleurotus, Pseudallescheria,

Pseudorotium, Psilocybe, Ramaria, Rhinocladiella, Rhizoctonia, Rhizophlyctis, Rhizopus,

Rhodosporidium, Rhodotorula, Sacchromyces, Sacchromycopsis, Saprolegnia, Scedosporium,

Escopulariose, Smittium, Sordaria, Spicaria, Sporobolomyces, Sporotrichum, Stropharia,

Syncephalastrum, Talaromyces, Thamnidium, Tolyplocladium, Toruplosis,

Trametes, Trichoderma, Trichosporon, Verticillium, Yarrowia, Zygorhynchus (Ollivier e

Magot, 2005).

2.7 *S. officinarum* Potenciais de Rizoremediação

Quantitativamente, a cana-de-açúcar (*5. officinarum*) é a cultura mais propagada no mundo. É

cultivada em 120 países do mundo (Agricultura, Silvicultura e Pescas, 2014). A planta é amplamente

cultivada na Europa, América do Norte, América do Sul, América Central, Oceânia, Ásia, África e

Caraíbas (FAOSTAT, 2008). Embora, a planta requeira solo fértil e bem drenado para um bom

crescimento, pode crescer em quase todas as classes de solo (Agricultura, Silvicultura e Pescas,

2014).

S. officinarum tem enormes potenciais de rizoremediação, uma vez que possui algumas das

qualidades favoráveis necessárias para uma fitorremediação eficaz, tal como listado por Pilon-Smits

(2005). É uma erva com estrutura de raiz fibrosa. As gramíneas são consideradas especificamente

mais apropriadas para a fitorremediação porque proporcionam uma grande área de rizosfera como

resultado das suas estruturas radiculares altamente ramificadas. Isto oferece a plataforma necessária

para a proliferação intensiva da actividade microbiana dentro da área radicular (Aprill e Sims, 1998).

As gramíneas e leguminosas são os grupos de plantas mais favorecidos para actividades de

rizoremediação, devido ao padrão específico das suas estruturas radiculares (Adam e Ducan, 1999;

Merkel *et al.,* 2000, 2004).

Num estudo para determinar o crescimento e tolerância de *S. officinarum* à contaminação por petróleo bruto, Ubogu (2017) relatou que a planta foi capaz de sobreviver à contaminação por petróleo bruto no solo em todas as concentrações testadas (0, 1, 3, e 6% p/p) durante o período de 120 dias do estudo. Além disso, a planta não só registou uma taxa de germinação de 100% para os caules propagados nas concentrações testadas, como o óleo não mostrou efeitos significativos sobre a altura e a circunferência do crescimento das plantas. Contudo, a velocidade de germinação, comprimento das raízes, peso fresco e seco foi reduzida com o aumento das concentrações de óleo no solo.

Uma limitação importante à rizoremediação eficaz é a restrição do processo à área de profundidade das raízes das plantas; muitas plantas têm raízes relativamente pouco profundas (Pivetz, 2001). Demonstrou-se que a degradação dos poluentes no solo diminui com o aumento da profundidade do solo (Oslon *et al.*, 2001). A difusão desejável de oxigénio necessário para uma biodegradação eficaz ocorre dentro de 30,0 cm do perfil vertical do solo. (Vidali, 2001). No entanto, o sistema radicular de *S. officinarum* está bem desenvolvido; tem sido relatado um crescimento que atinge até 4 a 6 metros de profundidade no solo (Evans, 1936; Chopart *et al.*, 2010). A posse de aerênquima (vasos radiculares especializados) por *S. officinarum* (Gilber *et al.*, 2007; Munoz *et al.*, 2013) pode assim facilitar a libertação de oxigénio na rizosfera em maior profundidade do solo (Muratova, 2003; Zalesny, 2005). Além disso, a colonização do caule de *S. officinarum* por endófito fixador de azoto, *Acetobacter diazotrophicus* (Boddey *et al.*, 1991; Dong *et al.*, 1994) pode também ajudar o fornecimento de azoto necessário para a biorremediação. O azoto é um factor limitante durante a bioremediação de hidrocarbonetos petrolíferos devido ao aumento da razão carbono/nitrogénio (Venosa e Zhu, 2003; Zhu *et al.*, 2001; Leahy e Colwell, 1990).

3. MATERIAIS E MÉTODOS

3.1 Análise das características físico-químicas de base do solo experimental

Amostras experimentais de solo de uma exploração canavieira (*S. officinarum*) designada (North Bank, Makurdi, Benue State, Nigéria) sem historial conhecido de contaminação por petróleo bruto (comunicação pessoal) foram primeiro recolhidas para a determinação das características físico-químicas de base. Cerca de 10 g de amostras de solo foram colhidas ao acaso em cada um de cinco locais (20 m de distância) dentro da exploração agrícola. Estas foram depois reunidas e levadas para o laboratório para análise.

O solo foi analisado para componentes textuais, teor de azoto e fósforo, pH, porosidade, carbono orgânico total (COT) e hidrocarboneto total de petróleo (TPH), utilizando os métodos indicados por Aliyu e Oyeyiola (2011), (van Reeuwijk (2002), (van Reeuwijk (2002), Hendershot *et al.* (2006), Ezzati *et al.* (2012), Skjemstand e Baldock (2006) e US EPA - Método 8015C (2007) respectivamente.

3.2 Isolamento e estimativa das populações totais (TF) e de hidrocarbonetos utilizando populações fúngicas (HUF) em solo de rizosfera e não rizosfera de *S. officinarum*

Os solos da rizosfera foram obtidos aplicando o procedimento de Abdel-Rahim *et al.* [18] tal como modificado por Ikediugwu e Ubogu (2012), Odokuma e Ubogu (2014a e 2014b). Cinco plantas de *S. officinarum* (6-8 meses de idade) arrancadas aleatoriamente dentro da exploração canavieira foram primeiro sacudidas suavemente para soltar os solos de fraca aderência. Posteriormente, foram efectuados abanões vigorosos para obter partículas de solo fortemente ligadas às raízes num saco de polietileno que foi esterilizado (com 95% de álcool) para obter cerca de 10,0 g de solo (reunidas a partir de cinco plantas). O solo não rizosférico, por outro lado, foi colhido aleatoriamente dentro da exploração agrícola a uma profundidade de 0-15 cm com uma talocha manual esterilizada. Amostras agrupadas para obter 10,0 g de solo.

O isolamento e a estimativa das populações fúngicas não rizosféricas do solo e rizosfera (TF e

HUF) foram feitos através da aplicação da técnica de contagem de placas de diluição do solo. Um grama (1,0 g) dos respectivos solos homogeneizados adicionados a 9,0 ml de diluentes (soro fisiológico) num tubo de ensaio (estéril). A partir destas diluições em série de 5 vezes (10^{-5}) preparadas. Alíquota de 0,1 ml de amostra diluída de terra foi então colocada assepticamente em placas de ágar que foram devidamente secas empregando a técnica das placas espalhadas. As respectivas diluições foram preparadas em placas triplicadas em PDA (tetraciclina incorporada) para TF, e ágar mineral de óleo (tetraciclina incorporada) para isolamento HUF. A OMA foi constituída como declarado por Dutta e Singh (2016) que incluem, NaCl, 10,0 g; $NaNO_3$, 0,42 g; Na_2HPO_4, 1,25 g; KH_2PO_4, 0,83 g; KCl, 0,29 g; $MgSO_4,7H_2O$, 0,42; ágar 20 g; 1 L de água destilada com pH ajustado a 7,2. O petróleo bruto que foi filtrado-esterilizado (0,22 pm tamanho dos poros do filtro Millipore) foi introduzido nos constituintes acima a 1 % v/v após esterilização e arrefecimento a 45^0 C. As contagens de colónias de TF e HUF foram efectuadas após incubação em placas PDA e OMA à temperatura ambiente ($30 \pm 2,0^0$ C) durante 4 e 7 dias respectivamente. Além disso, colónias fúngicas distintas que apareciam nas placas foram ainda isoladas, purificadas e armazenadas em PDA em agar a temperatura de refrigeração ($4,0^0$ C) para estudos subsequentes.

3.3 Isolamento de fungos do rizoplano

Os fungos do rizoplano de *S. officinarum* foram isolados adaptando o método descrito por Ikediugwu e Ubogu (2012). Quinze segmentos radiculares cortados de cinco plantas, cada um medindo 5 cm de comprimento, foram lavados em série 20 vezes em 10 ml de água destilada estéril num tubo de ensaio. O tubo de ensaio contendo água e segmentos de raiz foram vigorosamente agitados à mão durante dois minutos em cada lavagem. Tanto a água como o frasco foram trocados durante as primeiras cinco lavagens, depois disso apenas a água foi trocada.

Após a conclusão das lavagens, 0,1 ml guardados do 1st, 5th, 10th, 15th e 20th lavagens foram laminadas em placas PDA às quais foi incorporada tetraciclina (para isolamento selectivo de fungos), utilizando a técnica de pour plate. As placas foram incubadas à temperatura ambiente ($30,0 \pm 2^0$ C) durante 3-10 dias, após os quais foram feitas contagens de colónias para determinar o número de lavagens necessárias para libertar segmentos de raízes de fungos da rizosfera.

Sequel a isto, segmentos de raízes lavados até às quinze vezes foram depois secos entre papel tissue esterilizado antes de serem revestidos com PDA (tetraciclina incorporada), fiv e segmentos de raízes por placas. As placas foram então incubadas durante 10 dias a $30 \pm 2,0^0$ C para o isolamento de fungos rizoplanares (fungos que crescem directamente do segmento radicular).

3.4 Confirmação de hidrocarboneto utilizando fungos

A capacidade dos fungos isolados do solo não rizosférico, rizosfera e rizoplano para utilizar hidrocarbonetos foram ainda mais confirmados utilizando o método Vapour Phase Transfere (VPT), tal como descrito por Chaudhry *et al.* (2014). Foram implantados fungos isolados em ágar sal mineral (sem petróleo bruto). Filtro (Whatman, Nº 1) papel saturado com óleo cru, colocado na tampa da placa de Petri, servindo depois como única fonte de carbono para os fungos implantados através de vaporização, uma vez que as placas foram incubadas de um lado para o outro. As placas não inoculadas serviram como controlo. Todas as placas foram incubadas à temperatura ambiente ($30 \pm 2,0^0$ C) durante até 14 dias. As colónias provenientes do método VPT foram então purificadas, mantidas em inclinação PDA para estudos subsequentes.

3.5 Identificação fúngica

Fungos isolados de zonas radiculares de *S. officinarum* obtidos de cultura mista foram primeiro purificados antes da sua identificação. A caracterização foi realizada utilizando propriedades morfológicas e culturais de acordo com os esquemas de identificação fúngica de Barnett e Hunter (1998), Ellis *et al.* (2007), e Humber (2005).

3.6 HUF isolado das zonas radiculares de *S. officinarum* e do seu crescimento radial de micélios de extensão na OMA e PDA

Foi determinado o crescimento comparativo de micélio radial de HUF isolado das zonas radiculares de *S. officinarum* na OMA e PDA. Isto foi realizado através da implantação de inóculo de disco de ágar de 5 mm obtido a partir da borda de uma cultura pura de crescimento activo do fungo designado (utilizando uma broca de cortiça e agulha inoculante) no centro de uma placa de Petri de 12 cm de diâmetro contendo OMA e PDA respectivamente. O disco Inoculum foi implantado de cabeça para baixo permitindo o contacto directo de micélios com os respectivos meios de crescimento. As placas foram preparadas em triplicados e incubadas à temperatura ambiente. Após 72 horas de incubação, o crescimento total da extensão radial de cada HUF em OMA e PDA foi determinado em mililitro empregando a regra do metro graduado.

3.7 Taxa de crescimento de micélios de HUF isolados das zonas radiculares de *S. officinarum*

A taxa de crescimento de micélios de HUF isolados das zonas radiculares de *S. officinarum* na OMA em comparação com a do PDA foram avaliados utilizando a fórmula e o método de Ubogu *et al.* (2015): Taxa de crescimento de micélios de extensão de HUF em média (mm/h) = Crescimento total de micélios de extensão radial (mm)/Tempo total de crescimento (h).

3.8 Efeito do petróleo bruto no tempo mínimo de esporulação do HUF isolado das zonas radiculares de *S. officinarum*

O efeito do petróleo bruto no tempo de esporulação do HUF foi investigado comparando o tempo mínimo de esporulação de fungos no OMA com o do PDA. As placas triplicadas de cada HUF isolado em OMA e PDA foram incubadas à temperatura ambiente durante 144 horas. As placas foram incubadas nas proximidades das janelas do laboratório, garantindo uma iluminação alternada de 12 horas e 12 horas de escuridão. O tempo mínimo de esporulação fúngica na OMA e no PDA foi determinado observando, a intervalos de 24 horas, sob o microscópio, a presença e o aparecimento de esporos hifálicos utilizando os objectivos de baixa potência (X 10).

4. RESULTADOS

4.1 Características físico-químicas de base do solo

As características físico-químicas de base do solo experimental indicavam um baixo TPH (68 mg/kg) e TOC (1,2%), um pH quase neutro (6,9) com uma porosidade moderadamente elevada. O solo é de areia argilosa sobre as bases dos seus componentes texturais (Quadro 1).

4.2 Populações fúngicas em solo plantado com *S. officinarum*

As populações totais de fungos (TF) no solo da rizosfera e não rizosfera de *S. officinarum* eram significativamente mais elevadas do que as suas populações correspondentes de hidrocarbonetos utilizando fungos (HUF) ($P < 0,05$). Os efeitos da rizosfera foram da ordem de magnitude 3,1 vezes superior, e cerca de 7,6 vezes superior para a TF e HUF respectivamente (Tabela 2).

4.3 A população fúngica conta nas lavagens em série de segmentos de raiz de *S. officinarum*

Lavagens em série de segmentos radiculares revelaram que as populações de fungos na rizosfera diminuíram com o aumento do número de lavagens radiculares ($P < 0,05$). Os 15th e 20th lavagens de segmentos radiculares não mostraram crescimento de fungos (Quadro 3).

4.4 Espécies fúngicas isoladas das zonas radiculares de *S. officinarum*

Um total de oito espécies de fungos cultiváveis foram isoladas das zonas radiculares de *S. officinarum*. Seis destas que incluem, *Aspergillus flavus, Mucor* sp., *Paecilomyces* sp., *Pénicillium* sp., *Trichoderma* viride e fungo não identificado foram identificadas como HUF, enquanto as duas restantes, *A. niger* e *Botryodiplodia theobromae* como nenhuma HUF. O fungo não identificado nunca foi isolado tanto da rizosfera como do rizoplano de *S. officnarum*. Contudo, *B. theobromae* que foi isolado do rizoplano não conseguiu mostrar a sua presença tanto no solo da rizosfera como no solo não rizosférico. Da mesma forma, *Paecilomyces* sp. isolada da rizosfera não foi notada tanto em solo rizosférico como em solo não rizosférico (Tabela 4).

4.5 Crescimento de micélios radiais de HUF isolados das zonas radiculares de *S. officinarum* em PDA e OMA

Entre os seis HUF isolados da zona radicular de *S. officinarum, T. viride* registou o maior crescimento radial de micélio de extensão tanto em PDA como em OMA (42,5 e 29,5 mm respectivamente); enquanto o menor crescimento foi registado em *Pénicillium* sp. em PDA (6,5 mm) e fungo não identificado em OMA (2,5 mm) nas 72 horas seguintes à investigação. O crescimento da micélia radial de extensão foi consistentemente mais elevado em PDA do que em OMA para todos os respectivos HUF isolados (Figura 1).

4.6 Taxa de crescimento de micélios de extensão (mm/h) de HUF isolados das zonas radiculares de *S. officinarum* em PDA e OMA

T. viride teve a taxa de crescimento de micélio de extensão mais rápida (0,59 e 0,41 mm/h), enquanto o fungo não identificado teve o mais baixo (0,1 e 0,03 mm/h) em PDA e OMA respectivamente entre os HUF isolados da zona raiz de *S. officinarum.* Com a excepção de *Paecilomyces* sp. e *Penicillium* sp. foram a taxa de crescimento de micélios de extensão foram estatisticamente iguais tanto no PDA como na OMA, a taxa de crescimento de micélios foi maior no PDA do que na OMA para todos os HUF testados (P < 0,05) (Tabela 5). Além disso, enquanto *Paecilomyces* sp. teve a menor redução da taxa de crescimento (5,9%); o fungo não identificado, por outro lado, teve a maior percentagem de redução da taxa de crescimento (70,0%) na OMA em comparação com a sua taxa de crescimento na APD. Excepto no caso de fungos não identificados, a redução da taxa de crescimento de micélio de extensão na OMA foi inferior a 43,0 % para todos os outros HUF.

4.7 Tempo mínimo de esporulação do HUF isolado das zonas radiculares de _S. officinarum_ no PDA e OMA.

Enquanto o tempo mínimo de esporulação do HUF isolado das zonas radiculares de _S. officinarum_ variou entre 72 e 120 horas no PDA; a esporulação não ocorreu no OMA dentro de 144 horas (6 dias) de observação para todo o HUF excepto para _Mucor_ sp. às 144 horas (Tabela 6).

Quadro 1: Características físico-químicas de base do solo experimental

Characteristic	Value
TPH (mg/kg)	68
TOC (%)	1.2
Nitrogen (%)	0.17
Phosphorus (mg/kg)	2.6
Porosity (%)	70.0
pH	6.9
Sand (%)	74.0
Silt (%)	19.0
Clay (%)	7.0

Quadro 2: Populações fúngicas no solo plantadas com *S. officinarum*

	Fungal counts (cfu/g of soil)		
	Rhizosphere	Non-rhizosphere Soil	Rizosphere Effect
TF	$5.5 \times 10^4 \pm 1.0 \times 10^{3a}$	$1.8 \times 10^4 \pm 1.5 \times 10^{3a}$	3.1
HUF	$3.1 \times 10^4 \pm 4.4 \times 10^{3b}$	$4.1 \times 10^3 \pm 2.0 \times 10^{2b}$	7.6

*Values with different superscript alphabet on same column differ significantly (P < 0.05)
TF = Total fungi; HUF = Hydrocarbon utilizing fungi.

Quadro 3: Contagem da população fúngica nas lavagens em série de segmentos radiculares de *S. officinarum*

Serial washing	Fungal counts (cfu/ml)
1st	$3.0 \times 10^2 \pm 2.0 \times 10^{1a}$
5th	$2.0 \times 10^2 \pm 3.5 \times 10^{1b}$
10th	$6.0 \times 10^1 \pm 1.0 \times 10^{1c}$
15th	0
20th	0

*Values with different superscript alphabet on same column differ significantly ($P < 0.05$).

Quadro 4: Espécies fúngicas isoladas das zonas radiculares de *S. officinarum*

Fungal isolate	Non-rhizosphere soil	Rhizosphere	Rhizoplane
Aspergillus niger	+	+	+
*A. flavus**	+	+	+
Botryodiplodia theobromae	-	-	+
*Paecilomyces sp.**	-	+	-
*Penicillium sp.**	+	+	+
*Trichoderma viride**	+	+	+
*Mucor sp.**	+	+	+
*Unidentified fungus**	+	-	-

Key:
 * = Hydrocarbon utilizing fungi (HUF); + = Present; - = Absent.

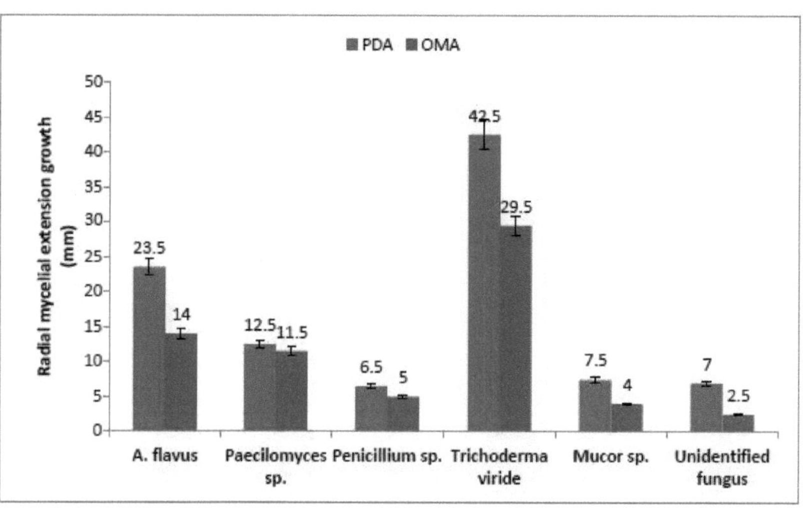

Figura 1: Crescimento de micélio radial de HUF isolado das zonas radiculares de *S. officinarum* em PDA e OMA às 72 horas.

*PDA= Ágar dextrose de batata; OMA= Ágar mineral de óleo e sal.

Quadro 5: Taxa de crescimento de micélios de extensão (mm/h) de HUF isolados das zonas radiculares de *S. officinarum* em PDA e OMA

HUF isolate	Mycelia extensional rate (mm/h)		% growth rate reduction
	PDA	OMA	
A. flavus	0.33 ± 0.02^a	0.19 ± 0.02^b	42.4
Paecilomyces sp.	0.17 ± 0.02^a	0.16 ± 0.02^a	5.9
Penicillium sp.	0.09 ± 0.03^a	0.07 ± 0.01^a	22.2
Trichoderma viride	0.59 ± 0.04^a	0.41 ± 0.03^b	30.5
Mucor sp.	0.1 ± 0.03^a	0.06 ± 0.02^b	40
Unidentified fungus	0.1 ± 0.03^a	0.03 ± 0.01^b	70

*Values with same superscript alphabet in the same row did not differ significantly ($P < 0.05$). HUF = Hydrocarbon utilizing fungi; PDA = Potato Dextrose Agar; OMA = Oil Mineral Salt Agar.

Tabela 6: Tempo mínimo de esporulação do HUF isolado das zonas radiculares de *S. officinarum* em PDA e OMA.

Fungal isolate	Minimum sporulation time (hour)	
	PDA	OMA
A. flavus	72	-
Paecilomyces sp.	72	-
Penicillium sp.	96	-
Trichoderma viride	72	-
Mucor sp.	120	144
Unidentified fungus	72	-

Key: - = No sporulation.

5. DISCUSSÃO

As populações fúngicas totais no solo da rizosfera e não rizosfera de *S.officinarum* eram obviamente mais elevadas do que os seus homólogos utilizando hidrocarbonetos. Esta descoberta é consistente com relatórios anteriores (Odokuma e Ubogu, 2014a; 2014b). Contudo, existia uma ordem de magnitude de 3,1 a 7,6 na densidade populacional total, e hidrocarboneto utilizando fungos na rizosfera de *S. officinarum em* comparação com solo não rizosférico. Foi relatada uma maior densidade populacional microbiana na zona radicular de várias plantas (Aliyu e Oyeyiola, 2011; Abdel-Rahim *et al.*, 1983; Jussila, 2006; Kolwzan *et al.*, 2006; Oyeyiola, 2010; Oyeyiola *et al.*, 2013). As razões para o aumento astronómico das populações microbianas na rizosfera sobre o solo não rizosférico foram atribuídas à presença de compostos criados a partir da decomposição do descasque das células radiculares, aminoácidos, açúcar, vitaminas e exsudação hormonal (Madigan *et al.*, 2000; Patkowska, 2002). Além disso, o efeito da rizosfera neste estudo foi mais intenso para os hidrocarbonetos que utilizam fungos do que para os fungos totais. Embora haja falta de informação sobre os efeitos da rizosfera nos hidrocarbonetos que utilizam fungos, Odokuma e Ubogu (2014a; 2014b), relatou efeitos mais elevados da rizosfera nos hidrocarbonetos que utilizam bactérias e fungos para *S. officinarum, Phaseolus vulgaris, Zea mays, Telfaria occidentalis, Arachis hypogae, Panicum maximum, Kalachoe pinata* e *Elucin indica* em comparação com as suas populações heterotróficas correspondentes. O aumento observado nos efeitos da rizosfera sobre os hidrocarbonetos utilizando fungos em relação ao total de fungos neste estudo é de grande importância. Isto porque o efeito da rizosfera tem sido a razão da degradação acelerada de poluentes orgânicos em solos plantados do que em solos não plantados (Pilon-Smits, 2005; Jussila, 2006; Salt *et al.*,1998). É também digno de nota que este efeito de rizosfera mais elevado observado nas populações fúngicas utilizadoras de hidrocarbonetos na zona radicular de *S. officinarum* não foi uma propriedade induzida pela contaminação por petróleo bruto, mas uma característica naturalmente adquirida. É evidentemente assim, pois as propriedades físico-químicas de base do solo amostrado revelaram níveis muito baixos de TPH e TOC. A microbiota heterógena da maioria dos solos não contaminados inclui populações inatas de microorganismos degradantes de hidrocarbonetos (Pinholt *et al.* 1979; Perry e Scheld. 1968; Odu, 1978). Esta característica inerente tem impacto nas enormes possibilidades de assimilação de hidrocarbonetos à maioria dos solos. O petróleo bruto impulsiona preferencialmente esse segmento da comunidade microbiana capaz de se adaptar e utilizar o novo substrato (Atlas, 1985; Coulon *et al.* 2006; Hamamura *et al.*, 2006).

A fim de isolar e determinar com algum grau de certeza os fungos do rizoplano, as raízes das plantas devem ser completamente libertadas dos solos da rizosfera. A lavagem em série de segmentos de raiz de *S. officinarum* revelou que a lavagem até às 15th vezes é o necessário para o libertar completamente dos seus fungos da rizosfera e o isolamento dos seus fungos rizoplanares. Num estudo semelhante, Ikediugwu e Ubogu (2012), relataram que a lavagem dos segmentos radiculares de *Havea brasilensis* por até 10th vezes foi suficiente para descolar os propágulos de fraca aderência da superfície radicular e tão adequado ao isolamento dos fungos do rizoplano.

Das oito espécies de fungos cultiváveis isoladas das zonas radiculares de *S. officinarum*, seis foram identificadas como hidrocarbonetos que utilizam fungos. Isto parece sugerir que a grande maioria das espécies fúngicas (cerca de 75%) nas zonas radiculares do *officinarum de S.* tem a capacidade de utilizar hidrocarboneto de petróleo. Estas espécies fúngicas que incluem *Aspergillus flavus, Mucor* sp., *Paecilomyces* sp., *Penicillium* sp., *Trichoderma* viride e fungo não identificado foram anteriormente identificadas no solo como utilizadoras de hidrocarbonetos (Atlas, 1985; Naranjo *et al.* 2007; Obire e Anyanwu, 2009; Chikere *et al.*, 2009; Chuma, 2010). Não houve grandes variações em termos de diversidade de espécies fúngicas entre a rizosfera e o rizoplano de *S. officinarum* para utilizadores de hidrocarbonetos, com excepção de *Paecilomyces* sp. que estava ausente do rizoplano. Esta descoberta é uma indicação clara de que a rizosfera e a composição dos fungos do rizoplano não são apenas virtualmente iguais, mas estão mutuamente envolvidos na tarefa de degradação e remoção do petróleo bruto do solo.

Todos os utilizadores de hidrocarbonetos isolados das zonas radiculares de *S. officinarum* apresentaram um melhor crescimento de micélio de extensão no PDA do que a OMA. A taxa de crescimento de micélios radiais de extensão foi retardada na OMA excepto para *Paecilomyces* sp. e *Pénicillium* sp. A esporulação também foi retardada ou nunca ocorreu na OMA durante o período de observação. Os resultados deste estudo corroboram os de Zafra *et al.* (2015), que relataram que embora o hidrocarboneto poliaromático (HAP) fosse prejudicial ao crescimento de micélios radiais, à pigmentação de micélios, à esporulação e à sua abudância em *Aspergillus nomius* H7, estes efeitos estavam ausentes para *Trichoderma asperellum* H15. Do mesmo modo, Ehiobu (2017) também relatou efeitos inibidores de porções solúveis aquosas de hidrocarboneto de petróleo na germinação de esporos e crescimento de micélios em *B. theobromea*. A medida em que uma substância química incluindo petróleo afecta o crescimento de um organismo depende da sua concentração, modo de acção e sua composição fisiológica (Ehiobu, 2017; Overton *et al.*, 1994), isto pode ter sido responsável pela ausência de retardamento da taxa de crescimento de micélios de extensão testemunhada em *Paecilomyces* sp. e *Penicillium* sp. sobre OMA em contraste com a resposta de crescimento dos outros hidrocarbonetos que utilizam fungos. Isto sugere que o grau de tolerância e a capacidade de utilizar hidrocarbonetos petrolíferos varia entre a grande maioria dos hidrocarbonetos que utilizam espécies fúngicas, embora todos eles possam metabolizá-los para as suas necessidades energéticas. A degradação microbiana de compostos orgânicos é normalmente obrigada não só pelas necessidades energéticas mas também pela necessidade de diminuir a toxicidade (Chaudhry *et al.*, 2005).

Conclusão

Os resultados deste estudo indicam que as zonas radiculares de *S. officinarum* (rizosfera e rizoplano) não só desfilam espécies semelhantes de hidrocarbonetos utilizando micoflora, mas também abrigam populações mais elevadas do que o solo não vegetal. Esta característica adquirida naturalmente pressagia uma possível degradação acelerada do hidrocarboneto petrolífero nas suas zonas radiculares, em caso de contaminação por petróleo bruto. Assim, a planta pode ser explorada eficazmente para a rizomediação.

REFERÊNCIAS

Abdel-Rahim, A.M., Baghadani, A.M., e Abdalla, M.H.(1983). Estudos sobre a flora fúngica na rizosfera de plantas de cana de açúcar. *Mycopathologia.* 81:183-186.

Adam, G.I., Ducan, H.J. (1999). Efeito do gasóleo no crescimento de espécies vegetais seleccionadas. *Ambiente. Geochm. Saúde.* 21: 353-357.

Aliyu, M.B e Oyeyiola, G.P.(2011). Flora Bacteriana da Rizosfera de Amendoim (Arachis hypogeae) . *Avanços na Biol do Ambiente.* 5(10): 3196-202.

Agricultura, Silvicultura e Pescas (2014). Guia de produção - Surgarcane. Departamento de Agricultura, Silvicultura e Pescas, Centro de Recursos, Direcção de Gestão do Conhecimento e Informação, Pretória, África do Sul. Pp. 34.

Aprill, W. e Sims, R. C. (1990). Avaliação da utilização de gramíneas de pradaria para estimular o tratamento de hidrocarbonetos aromáticos policíclicos no solo. *Quimiosfera.* 20: 253-256.

Atlas, R.M. (1983). *Microbiologia do Petróleo.* Macmillan, Nova Iorque.

Atlas , R.M (1985). *Princípio da Microbiologia.* Mosbby-year-book Inc., USA. 620pp.

Atlas, R. M. e Bartha, R (1987). *Interacção entre microrganismos e plantas* . 2nd Edn. The Benjamin/Curnings Publishing Comp. inc. USA. 320pp.

Barea J-M, Pozo M-J, Azcon R, e Azcon-Aguilar C. (2005). Cooperação microbiana na rizosfera. *Journal of Experimental Botany.* 56: 1761-1778.

Barnett HL e Hunter BB. (1998). *Gêneros Ilustrados de Fungos Imperfeitos.* Quarta edição. Amer Phytopathological Society.

Boddey, R.M., Urquiaga, S., Reis, V., Doberein, J. (1991). Fixação biológica de azoto associada à cana-de-açúcar. Planta e Solo. 137(1): 111-117.

Chaudhry Q, Bloom-Zandstra M, Gupta S e Joner EJ. (2005). Utilizando a sinergia entre plantas e microrganismos da rizosfera para melhorar a decomposição de poluentes orgânicos no ambiente. *Environ Sci ePollut Res.* 12: 34-48.

Chaudhry, S., Luhach, J., Sharma, V. e Sharma, C. (2017). Avaliação do potencial degradante do diesel de isolados fúngicos de solos contaminados com lodo da refinaria de petróleo, Haryana. *Res J Microbiol.* 7 (3): 182-190.

Chikere, C.B., Okpokwasili, G.C. e Chikere, B.O. (2009). Diversidade bacteriológica num solo tropical poluído de petróleo bruto submetido a bioremediação. *JBiotechnol africano.* 8 (11): 2535540.

Chopart, J.L., Azevedo, M.C.B., Le Mezo, L. e Marion, D. (2010). Profundidade do sistema radicular da cana-de-açúcar em três países diferentes. XXVII Congresso, Proc. Int. Soc. Suugar Technol. Veracruz (Mexique). 7-11 de Março, 2010.

Chuma, C.O. (2010). Melhoria da bioremediação de mangais contaminados com hidrocarbonetos no Delta do Níger, rico em petróleo nigeriano, utilizando inóculos microbianos de água do mar alterados com biosurfactantes e micronutrientes brutos. *Nature eSci.* 8(8):195-206.

Clemens, S., Palmgren, M.G., Kramer, U. (2002). Um longo caminho pela frente: compreensão e engenharia da acumulação de metais vegetais. *Tendências da ciência das plantas.* 7:309-315.

Cobbett, C., e Goldsbrough, P. (2002). Fitoquelatinas e metalotioninas: papéis na desintoxicação e homeostase de metais pesados. *Revisão Anual da Biologia Vegetal.* 53: 159-182.

Coulon F, Mckew BA, Osborn AM, McGenity TJ e Timmis KN. (2006). Efeitos da temperatura e da bioestimulação nas comunidades microbianas de decomposição do petróleo em águas estuarinas temperadas. *Microbiol do ambiente.* 9: 177-186.

DeJong, E (1980). O efeito de um derrame de petróleo bruto sobre os cereais. *Ambiente. Poluente. Ser. A.* 22:187-196.

Dong, Z., Canny, M. J., Mc Cully, M.E., Roboredo, M.R., Cabadilla, C.F., Ortega, E. e Rodes, R. (1994). Um endófito fixador de azoto dos caules da cana de açúcar (um novo papel para o Apoplast). *Fisiologia Vegetal.* 105: 1139-1147.

Dutta, S. e Singh, P. (2016). Potencial de degradação de hidrocarbonetos dos isolados fúngicos indígenas da refinaria de petróleo indiana, Haldia, (W.B) Índia. *Repórter Sci Res.* 6(1): 4-11.

Ehiobu JM. (2017). Efeito das fracções solúveis em água de hidrocarbonetos petrolíferos no crescimento e esporulação de *Botryodiplodia theobromae* (Pat). *J Dis e plantas medicinais.* 3(5): 83-87.

Ellis D, Davis S, Alexiou H, Handke R e Bartley R. (2007). *Descrições de Fungos Médicos.* 2ª Edição. Mycology Unit Women's and Children's Hospital North Adelaide 5006 Australia. ISBN 9780959851267 (pbk.).

Escalante-Espinosa E, Gallegos-Martinez ME, Favela-Torres E, Gutierrez-Rojas M. (2005). Melhoria da taxa de fitorremediação de hidrocarbonetos por *Cyprus laxus* Lam. inoculado com um consórcio microbiano num sistema modelo. *Quimiosfera.* 59: 405-13.

Evans, H. (1936). O sistema radicular da cana-de-açúcar: II alguns sistemas radiculares típicos. *Império J. Exp.Agric.,* 4: 209-221.

Ezzati S, Najafi A, Rab MA e Zenner EK. (2012). Recuperação da densidade aparente do solo, da porosidade e do cio do solo derrapado durante um período de 20 anos após a exploração da madeira no Irão. *Silva Fennica.* 46(4): 521-538.

FAOSTAT (2008) . Produção. Disponível em: http://faostat.fao.org.

Fattah Q.H e Wort, D.J. (1970). Efeito da luz e da temperatura na estimulação e crescimento reprodutivo das plantas de feijão por naftenatos. *Agron. J.* 62:576-577.

Gerhardta, K.E., Huang, X.D., Glicka, B.R., e Greenberg, B.M. (2009). Fitorremediação e rizorremediação de contaminantes orgânicos do solo: Potencial e desafios. *Plant Sci.* 176:20-30.

Gilbert, A.; Rainbolt, C.; Morris, D. R.; e Bennett, A. C. (2007). Respostas morfológicas da cana-de-açúcar a inundações de longa duração. *Agron. J.* 99:1622 - 1628.

Greger, M e Landberg, T (1999).use of willow in phytoremediation. *International Journal of Phytoremediation.* 1 (2): 115-123.

Gurska J, Wang WX, Gerhdta KE, Khalid AM, Isherwood DM, Haung XD, Glick BR, Greenberg BM. (2009). Teste de três anos de planta de campo de um sistema de fitorremediação de plantas que promove rizobactérias melhorado num terreno em exploração agrícola para tratamento de resíduos de hidrocarbonetos. *Environ Sci Technol.* 43: 4472-79.

Hallier-Soulier S, Ducrocq V, Mazure N, Truffaut N (1999). Detecção e quantificação de genes degradativos em solos contaminados por tolueno. FEMS Microb. Ecol. 20:121-133.

Hamamura N, Oslon SH, Ward DM e Inskeep WP. (2006). Dinâmica da população microbiana associada à biodegradação do petróleo bruto em diversos solos. *Aplicar o Microbiol Ambiental.* 72:6316-324.

Hendershot WH, Lalande H e Duquette M. (2006). Reacção do solo e acidez permutável. In: *Análise Química do Solo.* Brevemente YK e Hendershot WH (Editor). Grupos Taylor e Francis, LLC. 3-8.

Humber RA. (200). *Identificação fúngica entomopatogénica.* USDA-ARS Unidade de Investigação Fitossanitária US Plant, Soil & Nutrition Laboratory. Tower Road Ithaca, NY 148532901, EUA.

Hunt, P. G., Rickard, W.E., Deneke, F.J., Koutz, F.R. e Murman,R.P (1973). Derrame de petróleo terrescial no Alasca: Efeitos ambientais e recuperação. In: Prevenção e Controlo de Derrames de Petróleo. American Petroleum Institute, Washignton D.C. pp. 733-740.

Ikediugwu FEO, Ubogu M. (2012). A Microflora da Zona Raiz é Responsável pela Supressão da Doença da Podridão da Raiz Branca nas Plantações de Borracha Akwete. *J Plant Pathol e Microbiol.* 3:151-156.

Jensen V. (1975). Flora bacteriana do solo após a aplicação de resíduos oleosos. *Oikos.* 26: 152-158.

Jussila MM. (2006). Biomonitorização molecular durante a rizoremediação de solos contaminados com petróleo. PhD Desertation, Universidade de Helsínquia, Finlândia.

Khan, A.G., Kuek, C., Chaudhry, T.M. Khoo, C.S., e Hayes, W.J (2000). Papel das plantas, micorrizas e fitoquímicos na remediação de terrenos contaminados por metanfetaminas pesadas. *Quimiosfera.* 41:197-207.

Kolwzan B, Adamiak W, Grabas K e Pawelezyk A. (2006). *Introdução à Microbiologia Ambiental.* Oficyna Wydawnicza Politeehniki Wroelawskiej, Wroclaw.

Kudjo DE. (2007). Phytoremediation: the state of rhizosphere engineering for accelerated rhizodegradation of xenobiotic contaminants. *J Tecnologia Química e Biotecnol.* 82:228-232.

Kuiper, I., Lagendijk, E.L., Bloemberg, G.V. e Lugtenberg, J. J. (2004). Rizoremediação: Uma interacção benéfica entre plantas e micróbios. *Molecular Planta-microbeInterractions.* 17(1): 6-15.

Leahy JG, Colwell RR (1990). Degradação microbiana dos hidrocarbonetos no ambiente. *Microbiol. Rev.* 54: 305-315.

Lokhande, P.B., Patill, V.V (2009). Mujawar Estudo estatístico multivariado da variação sazonal da BTEX nas águas superficiais do rio Savirti. J. Environ. Monitorização e Avaliação. 157:55-61.

Madigan MJ, Martinko JM, Parke J. *Brock Biologia dos microrganismos.* 9th edn. Parentice Hall, Reino Unido. 2000; 910.

Marshchner, P., Mario, W e Lieberei, R (2002). Efeitos sazonais sobre microorganismos na rizosfera de duas plantas tropicais num sistema agroflorestal de policultura na Amazónia Central. *Biologia Bre brasileira dos solos férteis.* 35:68-71.

McGill, W.B., Rowell, M.J. e Westlake, D.W.S. (1981). Biochemistry, ecology, and microbiology of petroleum components in soil. In: Soil Biochemistry (E. A. Paul e J. N. Ladd, eds.). 5:229-296. Marcel

Dekker, Nova Iorque.

Meagher, R.B (2000). Fitorremediação de poluentes tóxicos elementares e orgânicos. *Opinião actual em Biologia Vegetal.* 3(2):153-162.

Merkl, N., Schultze-Kraft, R. e Infante, C. (2000). Avaliação de gramíneas e leguminosas tropicais para a fitorremediação de solos contaminados com petróleo. *Puxamento de solos de água e ar.* 165:195-209.

Merkl, N., Kraft, S e Infante, C. (2004). Phytoremediation of petroleum-contaminated soil in tropics- avaliação do potencial das espécies vegetais do leste da Venezuela. *J. Appl. Bot. Food Qual.* 78(3):185-192.

Molina, M.,Araujo,R., e Bond, J.R. (1995). *Resumo:* Dinâmica da degradação do petróleo em ambientes costeiros: Efeitos dos produtos de biorremediação e alguns parâmetros ambientais. Simpósio sobre Biorremediação de Resíduos Perigosos: Research, Development, and Field Evaluation, 10-12 de Agosto de 1995, Rye Brook, NY. EPA/600?r-95/076.

Munoz, C.A.U., Kafure, J.I.V. e Coral, O.E.C. (2013). Avaliação da área do aerênquima radicular da cana de açúcar *(Saccharum* spp.) como característica de tolerância à hipoxia. *Acta Agronomica.* 62 (3): 225-234.

Muratova, A., Hubner, T. Narula, N.,Wand, H., Turkovskaya, O.,Kuschk, P., Jahn, R., e Merbach, W. (2003). Microflora da rizosfera de plantas utilizadas para a fitorremediação de solos contaminados com betume. *Microbiol. Res.* 158:151-161.

Naranjo L, Urbina H, De Sisto A e Leon V. (2007). Isolamento de fungos de podridão não branca autóctone com potencial de degradação enzimática do petróleo bruto extra-pesado venezuelano. *Biocatalisadores e Biotransformação.* 25 (2):341-349.

Obire, O. e Nwaubeta, O (2002). Efeito dos hidrocarbonetos petrolíferos refinados nas características físico-químicas e bacteriológicas do solo. *J. Appli Environ. Gestão.* 6(1):39-44.

Obire, O. e Anyanwu, E.C. (2009). Impacto de várias concentrações de petróleo bruto nas populações fúngicas do solo. *Int. J. Environ. Sci.Tech.* 6(2): 211-218.

Odokuma LO e Ubogu M. (2014a). Avaliação quantitativa de hidrocarbonetos utilizando microflora da rizosfera de algumas plantas na floresta tropical e mangue no Delta do Níger. *Australian J Biol and Environ Res.* 1(2): 31-42.

Odokuma LO e Ubogu M. (2014b). Hidrocarboneto da rizosfera utilizando microflora de *Pharagmitis australis. Procedimentos do FADIB.* 20:12-21.

Odu, C.T.I (1972); Microbiologia de Solos Contaminados com Petróleo. Extensão da contaminação por hidrocarbonetos e algumas propriedades do solo e microbianas afectadas após a contaminação. *Journal of the Institute of Petroleum.* 58:201-208.

Odu, C. T.I. (1978). O efeito da aplicação de nutrientes e aeração na degradação do óleo no solo. *O ambiente. Poluente.* 15: 235-240.

Ogbo, E.M., Zibigha,M. e Odogu, G (2009). O efeito do petróleo bruto no crescimento da erva daninha (Paspalum Scrobiculatum L.) - potencial de fitorremediação da planta. *Ambiente africano J. Environ. Ci. e Técnica.* 3(9): 229-233.

Ollivier B e Magot M. (2005). *Microbiologia do Petróleo.* Sociedade Americana de Microbilogia. Washington D.C. EUA.

Oslon,P.E., Fletcher, J.S (2000). Recuperação ecológica da vegetação numa antiga bacia de lodo industrial e suas implicações para a fitorremediação. *Investigação da Poluição das Ciências Ambientais.* 7:1-10.

Overton EB, Sharp WD e Roberts P. Toxicity of Petroleum In: *Toxicologia Ambiental Básica.* Cockerham LG e Shama BS (eds). Primeira Edição CRC Press Inc. Nova Iorque. 1994; 133-156.

Oyeyiola, G.P. (2010). Bactérias da rizosfera de Amaranthus hybridus. *Res. J. Microbiol.* 5:137-143.

Oyeyiola G.P, Arekemase M.O, Sule I, e Agbabiaka TO. (2013). Flora bacteriana da Rhizosfera de Okro *(Hibiscus Esculentus). Sci International(Lahore).* 25(2):273-276.

Parkinson,D. e Waid, J.S. (1960), *The Ecology of Soil Fungi.* Liverpool Uni. Press. 324p.

Patkowska, E. (2002). O papel dos microrganismos antagónicos da rizosfera na limitação da infecção das partes subterrâneas do trigo de Primavera. *Jornal Electrónico das Universidades Agrícolas Polacas.* 5:1-10.

Perry, J.J e Scheld, H. W (1968). Oxidação de hidrocarbonetos por microrganismos isolados do solo. *Can. J. Microbiol.* 14: 403-407.

Pieta, D & Patkowska, E. (2003). O papel dos fungos e bactérias antagonistas limitando a ocorrência de alguns fitopatógenos que habitam o ambiente do solo de soja. *Electronic Journal ofJournal Agricultural Universities.* 6:1-7.

Pilon-Smits E. (2005). Pioremediação. *Rev. Anual de Biol Vegetal.* 56: 15-39.

Pinholt, Y., Struwe, S e Kjoller, A (1979) Mudança microbiana durante a decomposição no solo. *Holartic Ecol.* **2**:195-200.

Pivetz, B.E (2001). Fitorremediação de águas subterrâneas contaminadas em locais de resíduos perigosos. In: Questão das águas subterrâneas.EPA/540/S -01/500.

Leia, D.B., Bengough, A.G., Gregory, P. J.,Crawford, J.W.,Robison, D.,Scrimgeour, C.M., Young, I.M., Zhang, K e Zhang, X. (2003). As raízes das plantas libertam tensioactivos fosfolípidos que modificam as propriedades físicas e químicas do solo. *Novo Fitologista.* 157: 315-326.

Reis, J.C. (1996). *Controlo Ambiental em Engenharia Petrolífera.* Houston, TX, Gulf.

Salt DE, Smith R.D. e Raskin I. (1998). Fitorremediação. *Annual Rev Plant Physiol.* 49:643-68.

Shukla,K. P.,Singh,N. K e Sharma,S. (2010).Bioremediação : Desenvolvimento, práticas actuais e perspectivas. *Revista de Engenharia Genética e Biotecnologia.* 3: 1-20.

Skjemstad JO e Baldock JA. (2006). Carbono total e orgânico. In: *Análise Química do Solo.* Brevemente YK e Hendershot WH (Editor). Grupos Taylor e Francis, LLC. 3-8.

Sparrow, E.B.,Davenport, C.V e Gorden, R.C (1978). Resposta de microorganismos a derrames de petróleo bruto quente sobre um solo de taiga subárctica. *Árctico.*31:324-338.

Spence J.M., Bottrell S.H., Thornton S.F., Richnow, H.H., Spence, K.H. (2005). Efeitos hidroquímicos e isotópicos associados às vias de biodegradação do combustível petrolífero num aquífero a giz. *J. Contaminação Hidrol.* 79:67-88.

Stanier, R.Y., Adelberg, E. A., e Ingraham, J. L. (1979). *Microbiologia Geral.* 4th Edn. The Mac Millian Press Ltd.,Londres. 871 pp.

Sind. E Kolsis, J.J. (1975). Conceitos actuais de toxicidade crónica do benzeno. *CRC. Critérios. Rev.*30:63-68.

Tang, J.C., Wang,R.G., Niu, X.W., Wang, M., Chu, H.R. e Zhou, Q.X (2010). Caracterização do solo contaminado com petróleo: efeito de diferentes factores de influência. *Biogeosciências.* 7: 3961-3969.

Ubogu M, Akponah E e Ejukonemu FE. (2015). Avaliação do crescimento de três fungos do solo comuns (*Trichoderma viride, Aspergillus niger* e *Penicillium* sp. em meio de cultura formulado. *Micopata.* 13 (2):71-80.

Ubogu M. (2017). Análise da eficiência do melhoramento da remediação de solos contaminados com petróleo bruto utilizando técnicas de rizoremediação, bioestimulação e bioaugumentação. Tese de doutoramento, Universidade de Port Harcourt, Nigéria. Pp. 1-388.

EPA DOS EUA. (2007). Método 8015C. Orgânicos não halogenados usando GC/FID. Washington: EPA DOS EUA.

van Reeuwijk LP. (2002). *Procedimentos para análise do solo: Documento técnico 9.* 6th Ed. Centro Internacional de Referência e Informação sobre Solos, Holanda. Pp. 1-101.

Venosa AD, Zhu X (2003). Biodegradação de Petróleo Bruto Contaminação de Litoral Marinho e de Zonas Húmidas de Água Doce. *Técnica de Derramamento. Touro.* 8(2):163-178.

Vidali, M. (2001). Biorremediação : Uma visão geral . *Química Pura Aplicada.* 73: 1163-1172.

Xin L, Li XJ, Li PJ, Li F, Lei Z e Zhou QX. (2008). Avaliação da sinergia plano- microrganismos para a remediação de solos contaminados com gasóleo. *Bulletin of Environ Contamination and Toxicol.* 81:19-24.

Zafra, G., Absalonl, A.E. e Cortes-Espinosa, D,V. (2015). Alterações morfológicas e crescimento de fungos filamentosos na presença de altas concentrações de HAP. *J. Microbiol brasileiro.* 46(3):937-941.

Zalesny, ,Jr. R.S., Bauer E.O., Hall, R.B., Zalesny, J.A., Kunzman,J., Rog, C.J. e Riemenschhneinder, D.E. (2005). Variação clonal na sobrevivência e crescimento do choupo híbrido e salgueiro num ensaio *in situ* em solos fortemente contaminados com hidrocarbonetos petrolíferos. *Int. J. Phytorem.* 7: 177-197.

Zhu, X., Venosa, A.D., Suidan, M.T., e Lee, K. (2001).Guidelines for the Bioremediation of Marine Shorelines and Freshwater Wetlands, Report under a contract with Office of Research and Development, U.S. Environmental Protection Agency. Disponível on-line em: http://www.epa/gov/oilspill/pdfs/bioremed.pdf.

APÊNDICE: PROPRIEDADES CULTURAIS e MORFOLÓGICAS DOS ISOLADOS FÚNGICOS

Organisms	Media	Growth	Front View	Back view	Hyphae	Odour	Perithecia	Conidiophores /Sporangiophores	Phialid /Columella	Conidia/Sporangiospores
Penicillium sp.	PDA	Rapid	Convulated, Pinkish-yellow, becoming bluish-gray-green	Red pigmentation	Septate, hayaline	Not distinct	-	Branched	Brush-like cluster	1-celled, globose, in chains
Paecilomyces sp	PDA	Rapid	Suede-like, violet/purple coloured		Septate, Aerial	Not distinct	-	Arising from aerial hyphae, erect, branching	Verticilitate, densly clusterd on conidophore, swollen at base, tapering into slender neck	1-celled, ellipsoidal, in long divergent chains,
Aspergillius niger	PDA	Rapid	White turning to yellow & then dark brown		Septate	Not distinct	-	Upright, terminating in globose swelling	Radiating at apex of globose swelling	1-celled, globose, in chain & dry
A. flavus	PDA	Moderate	Yellow becoming dark yellow-green	Reddish-gold	Septate	Not distinct		Upright, terminating in globose swelling	Born over entire surface of vesicle	1-celled, globose, in chain
Trichoderma. viride	PDA	Rapid	Dark green, medium becoming yellowish	Not coloured	Septate, smooth, aerial	Coconut smell	-	Hyaline	Whorls of 2-3	1-celled, cluster, globose, smooth
Mucor sp.	PDA	Rapid	Cottony white becoming dark grey		Non septate, no stolon or rhizoid	,,	-	Erect forming terminal globose swelling	Columella formed (no phialid)	1-cell, globose
Botryodiplodia sp.	PDA	Rapid	Black	black	Septate	Not distinct	Pycnidia aggregate	Simple & short		Dark, 2-celled, ovoid to enlongate

More
Books!